沙漠蝗防控手册

◎张泽华　涂雄兵　李　霜　主著

U0348674

中国农业科学技术出版社

图书在版编目（CIP）数据

沙漠蝗防控手册/张泽华，涂雄兵，李霜著．—北京：中国农业科学技术出版社，2020.9

ISBN 978-7-5116-5047-4

Ⅰ.①沙… Ⅱ.①张… ②涂… ③李… Ⅲ.①沙漠蝗—植物虫害—防治—手册 Ⅳ.① S433.2

中国版本图书馆 CIP 数据核字（2020）第 185082 号

责任编辑　闫庆健
责任校对　李向荣

出 版 者　中国农业科学技术出版社
　　　　　北京市中关村南大街 12 号　邮编：100081
电　　话　（010）82106632（编辑室）（010）82109704（发行部）
　　　　　（010）82109702（读者服务部）
传　　真　（010）82106625
网　　址　http://www.castp.cn
经 销 者　各地新华书店
印 刷 者　廊坊佰利得印刷有限公司
开　　本　850mm×1168mm　1/32
印　　张　2.5
字　　数　60 千字
版　　次　2020 年 9 月第 1 版　2020 年 9 月第 1 次印刷
定　　价　25.00 元

《沙漠蝗防控手册》
著者名单

主　　著：张泽华　涂雄兵　李　霜

参著人员（按姓氏笔画排序）：

马崇勇　　王广君　　　王志鹏　　王卓然

王孟卿　　牙森·沙力　农向群　　杜桂林

杨　智　　张礼生　　　岳方正　　柴守权

徐超民　　徐震霆　　　黄训兵　　董丰收

潘　凡　　Babar Chang　Raza Aftab

Ullah Hidayat

前　言

　　在有记载的历史上，蝗虫造成了周期性的人类灾难。直到今天，蝗灾仍是世界农业生产的最大威胁之一，沙漠蝗 [*Schistocerca gregaria* (Forsk.，1775)] 是发生最为严重的蝗虫之一，它不仅导致了重大经济损失、粮食危机，也造成了生态灾难。考古发现，公元前4500年埃及古墓中有关于蝗虫的饰物，公元前2800年乌干达语中就有关于沙漠蝗的词汇。据公元2世纪以来的历史文献分析，沙漠蝗几乎连年发生。20世纪以来，沙漠蝗大规模暴发15次，波及两大洲约3 000万平方千米，影响了65个国家8.5亿人口的生活。以1988年为例，为防治沙漠蝗灾害，约1 300万升有机磷化学农药倾倒在非洲大陆上；次年，联合国粮农组织（FAO）报道了化学农药对非靶标生物的不利影响。自2019年5—6月沙漠蝗从也门向北迁飞，现已到达北非，飞越红海，进入中东和南亚，2020 年年初在巴基斯坦、印度肆虐为害，暴发的沙漠蝗数量已超过 4 000 亿头，并持续增加，危及多个国家粮食安全。

迁飞性蝗虫之所以能成灾，主要是因为该蝗虫有 3 个特征：能吃、能生、能飞。例如，现阶段入侵巴基斯坦的沙漠蝗每天可破坏约 3.5 万人的口粮；一对成年沙漠蝗可产约 300 粒卵，这也是导致沙漠蝗自 2019 年 1 月至 8 月呈几何指数增长的原因；同时，沙漠蝗具备很强的迁飞能力，有文献记载其迁飞能力超过飞蝗，它们能借助低空风场单日飞行最高可超过 200 千米，并且可以越过大西洋。

在我国关于沙漠蝗有 4 次报道，1956 年，蔡邦华先生记录云南有分布；1974 年，中国科学院动物研究所采集到沙漠蝗；1982 年，陈永林先生报告西藏有沙漠蝗分布；2002 年，陈永林先生撰文《警惕沙漠蝗的猖獗发生》，指出西藏、云南等边境地区应加强监测工作。这些报道表明沙漠蝗之前确实到过上述地区，由于没有形成种群，尚未造成灾害。但近 30 年来我国未发现沙漠蝗种群，也没有采集到相关标本。这也标志着沙漠蝗一旦入侵，将对我国农牧业生产造成巨大威胁。

中国农业科学院、植物病虫害生物学国家重点实验室高度重视沙漠蝗防控工作，2020 年 3 月紧急启动了沙漠蝗防控科技攻关应急任务，并组建了沙漠蝗科技攻关工作队伍。我们基于对沙漠蝗的认识和近期的研究进展撰写了本书，重点介绍了沙漠蝗的形态学特征、生活习性、发生规律、分布与为害、预测预报、防治手段等，有助于进一步认识沙漠蝗及其为害规律，以期为科学防治沙漠蝗提供理论支撑。

著　者
2020 年 8 月

目 录
Contents

一、沙漠蝗的形态特征

沙漠蝗 [*Schistocerca gregaria* (Forsk.，1775)] 属蝗总科斑腿蝗科沙漠蝗属，为不完全变态昆虫，生活史分为卵、蝗蝻、成虫 3 个发育阶段，随着种群数量增加，可由散居型变为群居型（表 1）。

1. 卵

沙漠蝗成虫产下的卵被一种分泌物结合在一起，形成一个卵囊，长 3 ～ 4cm。分泌物干燥后，就会变成保护卵的外壳，能避免水分流失。卵囊所覆盖的面积，从几平方米到 1 平方千米或更多，被称为集中产卵地。沙漠蝗雌虫刚产下的卵是黄色的，在土壤中渐变成棕色。蝗卵最高密度可达 5 000 ～ 6 000 块 /m²。卵粒间紧密排列在一起，形成圆柱状。蝗卵呈长椭圆形，两端较中间的细，长为 15 ～ 19mm，高为 3 ～ 5mm，卵粒表面不规则，具有条纹或凹陷，形状呈放射状（图 1）。

解剖卵

刚产下的卵

单粒卵

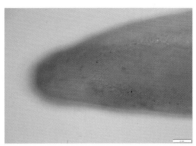
蝗卵的端部

图 1　沙漠蝗蝗卵

2. 蝗蝻

沙漠蝗蝗蝻阶段分为 5 个龄期（图 2）。

1 龄：灰白色，初以黑色为主，随着不断发育颜色会变浅。

2 龄：颜色较第一龄浅淡，头部变大，没有明显的翅膀生长迹象。

3 龄：翅芽初见，从前背板下方突出，短小。

1 龄蝗蝻

2 龄蝗蝻

3 龄蝗蝻

4 龄蝗蝻

5 龄蝗蝻

成群的蝗蝻

图 2 沙漠蝗蝗蝻

4龄：翅芽更大、更明显，但仍短于沿中线测量的前背板的长度。

5龄：颜色变为明亮的黄色带黑色；翼芽比前背板长，但不能用于飞行；蜕皮后进入成虫阶段（图3）。

蜕皮过程中　　　　　　　　　蜕皮

图3　沙漠蝗蝗蛹蜕皮

3. 成虫

沙漠蝗属 Schistocerca Stål 已知约55种，沙漠蝗有两型现象：一种为散居型，成虫呈灰黄色或灰色，即在低密度条件下，蝗虫处于孤独期，呈绿色，隐秘，相对不活跃，性成熟期呈褐色、灰黄色或灰色。另一种为群居型，成虫呈鲜黄色，即在较高的种群密度下，昆虫会进入群居阶段，蝗蝻会变为颜色鲜艳的黑色和黄色，更加活跃，相互吸引，形成聚集体，可以成簇生活，性成熟期呈亮黄色。除颜色以外，沙漠蝗还表现出其他与相位相关的特征，例如体型尺寸（典型的形态测量 F/C 比值。F，后股骨长度；C，最大头宽），群居型成虫的体型较散居型的成虫小。在低密度条件下，蝗虫多以散居型出现，相对不活跃。当蝗虫种群拥挤时，个体间的身体接触会刺激群居，通常对农作物造成严重危害。这种由散居型（图 4）到群居型（图 5）的转变通常是在旱期发生的。

雄成虫　　　　　　　　　　　　雌成虫

图 4　散居型沙漠蝗成虫

雄 虫 体 长 45.8 ～ 55.3mm，雌 虫 体 长 50.7 ～

刚羽化

性成熟

交配

产卵

聚集产卵

图 5　群居型沙漠蝗成虫

61.0mm。雌虫形态与雄虫相似，体型粗大，头顶短于前胸背板，略凹陷；复眼大，卵形；触角到达或超过前胸背板的后缘；前胸腹板突圆锥状，直或微后倾，背板沟前区在群居型甚缩狭，具小刻点，中隆线不明显，后缘呈宽圆形，而散居型沟前区略缩狭具粗刻点，中隆线明显，后缘近90°，略圆；中胸腹板侧叶狭长，后角明显向内倾斜成锐角；侧叶间的中隔呈梯形，中隔的长度明显大于其最狭处；后胸腹板侧叶略分开或毗连；前、后翅狭长，明显超过后足股节的端部，长为宽的 5 ～ 5.5 倍；后足股节细长，其长度为其宽度的 5 ～ 5.6 倍；后足胫节无外端刺，外缘具刺 9 ～ 10 个，内缘具刺 10 ～ 11 个。

表1　1966—1968年沙特阿拉伯的沙漠蝗生活史

	11月			12月			1月			2月			3月			4月			5月			6月			7月			8月			9月			10月		
	上	中	下	上	中	下	上	中	下	上	中	下	上	中	下	上	中	下	上	中	下	上	中	下	上	中	下	上	中	下	上	中	下	上	中	下
成虫			õ	õ	õ	õ	õ	õ	õ	õ	õ	õ	õ																								
卵				⊙	⊙	⊙	⊙																													
蛹						8	8	8	8	8	8	8	8	8	8	8																				
成虫												õ	õ	õ	õ	õ	õ	õ	õ																
卵																	⊙	⊙	⊙																	
蛹																			8	8	8	8	8	8	8	8										
成虫																						õ	õ	õ	õ	õ	õ	õ	õ	õ						
卵																												⊙	⊙		⊙					
蛹																																	8	8	8	8

õ：成虫；⊙：卵；∞：蛹

二、沙漠蝗取食为害特点

沙漠蝗食量大、飞行力强、流动性强、分布广，可为害多种植物，每隔几年就会成灾暴发一次，在史前期就是北非、西亚和印度等热带荒漠地区之河谷、绿洲上的农业大害虫。2020年以来暴发的沙漠蝗数量已超过4 000亿只，波及的国家包括东非的肯尼亚、埃塞俄比亚、索马里、苏丹、乌干达、坦桑尼亚，西亚的伊朗、也门、阿曼，南亚的印度、巴基斯坦等国。自5月从也门迁飞过来后，现已到达北非，飞越红海，进入中东和南亚，目前在巴基斯坦、印度肆虐为害。据报道，此次暴发的沙漠蝗造成了肯尼亚约105万亩（1亩≈667 m²，全书同）土地上的庄稼受害；造成印度555万亩农田受害，损失超100亿卢比。

沙漠蝗为杂食性昆虫，可取食300多种植物（图6至图13），包括一年生紫草科Boraginacea天芥菜属*Heliotropium*，禾本科Gramineae狼尾草属*Pennisetum*、黍属*Panicum*，大戟科Euphorbiaceae沙戟属*Chrozo-*

图 6　沙漠蝗为害玉米

图 7　沙漠蝗为害骆驼蓬 *Peganum harmala* (L.)

图 8　沙漠蝗为害假高粱 *Sorghum halepense* (L.) Pers.

图 9　沙漠蝗为害 *Acacia siberiana*

图 10　沙漠蝗为害棉花 *Gossypium hirsutum* (L.)

图 11　沙漠蝗为害杧果树 *Mangifera indica*

图 12　沙漠蝗为害刺田菁 *Sesbania aculeata*

图 13　沙漠蝗为害 *Salvadora persica*

phora，蒺藜科 Zygophyllaceae 蒺藜属 *Tribulus* 等 4 个科 5 个属植物，以及多年生禾本科赖草属 *Leymus*、羊茅属 *Festuca*、狼尾草属 *Pennisetum*，大戟科大戟属 *Euphorbia*，豆科 Leguminosae 苜蓿属 *Medicago*，苋科 Amaranthaceae 白花苋属 *Aerva* 等 4 个科 6 个属植物。严重为害各种栽培作物，如棉花、苜蓿、各种豆类、小麦、大麦、玉米、亚麻、烟草、番茄、马铃薯、瓜类（甜瓜、西瓜、黄瓜等）。野生植物中特别喜食一种骆驼刺和其他唇形花科以及野生和栽培的木本植物，如葡萄、伏牛花、杏树、西洋樱属、扁桃、桑树、柑橘、海枣、无花果、石榴、木瓜和其他树木（表 2）。

作为迁飞害虫，沙漠蝗是最具破坏性的害虫之一，以常见的、分布较为广泛的植物为食，在密布的情况下，通过啃食茎叶和树枝造成相当大的破坏。沙漠蝗不仅为害草原植物，对农作物也会造成严重危害。如沙漠蝗可取食玉米、棉花等农作物的叶片，使被取食叶片呈现大片缺刻，也会为害玉米果穗。1954 年沙漠蝗的发生使苏丹损失了 5.5 万吨谷物；塞内加尔损失了 16 000 吨小米和 200 吨其他作物；几内亚损失了 600 吨橙子；埃塞俄比亚损失了 16.7 万吨粮食，足以养活人口约 100 万人 / 年。

表 2　沙漠蝗主要寄主植物分布

序号	地区	气候特征	寄主植物		文献
			严重为害	潜在为害	
1	摩洛哥	北部：地中海气候；中部：副热带山地气候；东南部：热带沙漠气候	豆科、唇形科、禾本科、菊科、葡萄、桃金娘科	蔷薇科、藜科、蒺藜科、大戟科	Khabbach et al., 2011; Draper et al., 2005
2	西撒哈拉	热带沙漠气候	毛瓣耳草属、疆南星属、石莼科	旱金莲属、石花菜科、苋菜科	Lawson et al., 1977
3	毛里塔尼亚	西北部：热带沙漠性气候；南部塞内加尔河流域：热带草原气候	夹竹桃科、紫草科、藜科、伞形科	蓝蓟属、蝶形花科、爵床科	Oualidi et al., 2012
4	塞内加尔	热带草原气候	夹竹桃科、大戟科、无患子科、云实科、毛茛科	茜草科、山榄科、榆科、紫葳科、桑科	Anne et al., 1999; Hadji Sow et al., 2013
5	马里	由南向北分为热带沙漠、热带草原和热带雨林3种气候区域	菊科、藜科、大戟科、豆科、桃金娘科、茜草科、禾本科	十字花科、旋花科、唇形科、蔷薇科	Vladovi et al., 2002
6	布基纳法索	以热带草原气候为主	茜草科、木犀科、豆科、使君子科	含羞草科、云实科、楝科	Tankoano et al., 2016

（续表）

序号	地区	气候特征	寄主植物		文献
			严重为害	潜在为害	
7	阿尔及利亚	北部沿海地区：地中海气候；中部：热带草原气候；南部：热带沙漠气候	菊科、豆科、禾本科	藜科、芸苔科、蓼科、毛茛科	Neffar et al., 2013
8	突尼斯	北部：亚热带地中海气候；中部：热带草原气候；南部：热带大陆性沙漠气候	菊科、蓼科、苋科、豆科、唇形科、禾本科	紫草科、十字花科、蓼科、苋科、阿福花科	Gamoun et al., 2012；Jeddi et al, 2010
9	利比亚	北部沿海：亚热带地中海气候；内陆区：热带沙漠气候	菊科、禾本科、茜草科、唇形科、豆科	芸苔科、石竹科、报春花科、天南星科、毛茛科、山柑科	Ying et al., 2013；Farag et al.,2014
10	尼日利亚	热带草原气候	球花豆属、菜漆豆属、缅茄属等豆科植物、禾本科、桃金娘科	唇形科、榕属、星花莉属、锦葵科、天南星科	Jibrin et al., 2013
11	尼日尔	北部：热带沙漠气候，南部：热带草原气候	豆科、使君子科、茜草科、	番荔枝科、锦葵科、鼠李科	Idrissa et al., 2017

（续表）

序号	地区	气候特征	寄主植物		文献
			严重为害	潜在为害	
12	乍得	北部：沙漠或半沙漠气候；中部：萨赫勒热带草原气候；南部：热带稀树草原气候	使君子科、茜草科、豆科、含羞草科	番荔枝科、山柑科、桃金娘科	Gilbert et al., 2017
13	埃及	南部：热带沙漠气候；尼罗河三角洲以及北部沿海地区：亚热带地中海气候	豆科、禾本科、菊科、藜科、芸苔科	白蕊草属、石竹科、雨久花科、马齿苋科	Khedr et al., 2002
14	苏丹	北部：热带沙漠气候；南部：热带草原气候	刺茉莉科、黍属、菊科、大戟科、苋科、禾本科	驼蹄瓣属、蒺藜属、碱蓬属、苋科	Faki et al., 2015; Maxwell et al., 1936
15	南苏丹	热带草原气候	禾本科、观音草属、山茶属、荨麻科	买麻藤属、亮蓮木属、金蓮木属	
16	乌干达	热带草原气候	使君子科、豆科以及马唐属、白茅属	鸭跖草属、黍属、藿香蓟属、锦葵科、蓼科	Kawooya R, 2016; Kiyingi et al., 2010
17	厄立特里亚	东部和西部：低地气候：干燥；红海沿岸地区：沙漠气候	豆科、苋科、大戟科、毛茛科、菊科、山柑科	唇形科、鼠尾草科、榆科、使君子科、天门冬科、楝科	Reddy, 2017

（续表）

序号	地区	气候特征	寄主植物		文献
			严重为害	潜在为害	
18	埃塞俄比亚	亚热带森林气候、热带草原气候	茜草科、禾本科、豆科、菊科、苋科以及高粱、玉米等一年生作物	使君子科、唇形科、芸香科、大戟科等	Motuma., *et al.* 2010; Senbeta *et al.*, 2006;
19	吉布提	全国大部分地区均属热带沙漠气候；内地则近于热带草原气候	豆科、唇形科、大戟科	茄科、紫草科、山柑科	Hassan-Abdallah A, 2013
20	索马里	大部地区属亚热带和热带沙漠气候；西南部属热带草原气候	天竺麻、针晶粟草属、报春花科、含羞草科、禾本科、蝶形花科	虎掌藤属、鸭跖草属、旋花科、锦葵科、紫草科	Sandro Pignatti *et al.*, 1983; Hussein *et al.*, 1989
21	肯尼亚	热带草原气候	茜草科、菊科、豆科、大戟科、桑科	芸香科、爵床科、山榄科	Althof, 2007
22	叙利亚	南部：热带沙漠气候；北部：地中海气候	蔷薇科、禾本科、菊科、豆科、十字花科	阿福花科、百合科、山柑科、芸香科	Mohammad *et al.*, 2015
23	约旦	亚热带沙漠气候	絮菊属、千里光属等菊科植物以及车轴草属、蓝刺头属、禾本科	鼠尾草属、金滴草属、紫草科	Said A, 2010

（续表）

序号	地区	气候特征	寄主植物		文献
			严重为害	潜在为害	
24	伊拉克	热带沙漠气候	禾本科、藜科、豆科、苋科、菊科	海桑科、旋花科、白花丹科、蒺藜科	Ameri *et al.*, 2005; Abul-Fatih *et al.*,1975
25	沙特阿拉伯	除西南高原和北方地区属亚热带地中海气候外，其他地区均属热带沙漠气候	大戟属、狗牙根属、金合欢属、美洲白酒草属	唇形科、蓼科、桑寄生科、莕属	Saadiya *et al.*, 2014
26	也门	南部属热带干旱气候	蒺藜科、豆科、禾本科以及苜蓿、番茄、小麦、高粱等经济作物	紫茉莉科、大戟科、橄榄科以及土豆、芝麻等农作物	Abdul Wali Ahmed Al Khulaidi, 2006
27	阿曼	除东北部山地外，均属热带沙漠气候	禾本科、乌木豆属、絮菊属、斑鸠菊属、大戟科	木樨草科、鼠尾草属、久榄属、夹竹桃科	Brinkman *et al.*, 2009
28	伊朗	东部和内地：亚热带草原和沙漠气候；西部山区：亚热带地中海气候	菊科、禾本科、豆科、十字花科	唇形科、蝶形科、蹄盖蕨科、蝶形花科、茄科	P. Karami *et al.*, 2019; Hassan Pourbabaei., 2019
29	土库曼斯坦	温带大陆性气候	禾本科、菊科、蔷薇科、豆科、	唇形科、毛茛科、紫草科、藜科、蓼科	Zarrinpour, Vajihe *et al* 2016

（续表）

序号	地区	气候特征	寄主植物		文献
			严重为害	潜在为害	
30	阿富汗	大陆性气候	蓼属、委陵菜属、大黄属	十字花科、杜鹃花科、阿福花科	Siegmar, 2007
31	巴基斯坦	南部：热带气候；其余地区：亚热带气候	蔷薇科、苋科、大戟科、禾本科、菊科、桑科	木兰科、蓼科、合欢科、紫草科、莎草科	Musharaf Khan et al., 2014
32	乌兹别克斯坦	大陆性气候	蒿属植物、菊科、蔷薇科、蓼科、禾本科	莎草科、玄参科、老鹳草属	Sennikov et al., 2016
33	缅甸	热带季风气候	豆科、桑科、菊科、苋菜科、天南星科	紫草科、桃金娘科、芸香科、番荔枝	Hassan Sher et al., 2010
34	印度	大部分地区为热带季风气候；西部：热带沙漠气候	豆科、桑科、木薯，番木瓜	唇形科、棕榈科、锦葵科	M. Veena George., 2020
35	克什米尔	高原山地气候	菊科、豆科、蔷薇科、紫草科、禾本科	毛茛科、十字花科、莎草科、凤仙花科、蓼科	Dad et al., 2010; Afshan et al., 2017
36	尼泊尔	季风性气候	菊科、豆科、蔷薇科、大戟科、天门冬科	蓼科、紫草科、唇形科、毛茛科、龙胆科	Panthi et al., 2008

沙漠蝗可以对各生长期的植物造成危害。造成的破坏包括完全破坏，如对幼年谷类和豆类造成的为害；选择性破坏，如对乳期的谷物、水果、花朵、种子等造成的破坏，其中约 70% 是由蝗蝻造成的。

决定沙漠蝗食性的主要因子是植物次生代谢物，如沙漠蝗对黄酮含量高的植物具有偏好性。但会拒食一些苦味的植物，如常春藤 *Hedera nepalensis* var. *sinensis* (Tobl.) Rehd 等。此外，植被的结构也会影响沙漠蝗的分布。同时，开阔的草原植被中，裸露地面为沙漠蝗创造了理想的繁殖场所。在夏季，巴基斯坦、伊朗和印度等地的蝗虫往往集中暴发于有成片裸露地面的沙丘顶部和斜坡上，而在冬季和春季，沙漠蝗喜欢在低覆盖的开放草原植被周边区域大量繁殖。

三、沙漠蝗的生物学习性

沙漠蝗为不完全变态昆虫，分为卵、蝗蝻和成虫 3 个阶段，蝗蝻有 5 个龄期，成虫有两种类型：一种为散居型，呈灰黄色或灰色，即在低密度条件下，蝗虫多以散居型出现，相对不活跃；另一种为群居型，呈鲜黄色或黑色，更加活跃。当散居型沙漠蝗密度较高时，个体间的身体接触会刺激其向群居型转变。

散居型雌成虫每头可产卵 200～300 粒，群居型可产卵 95～158 粒。雌虫可将发育完全的卵子在其体内保存 3d 左右，通常产在 10～15cm 深的湿润沙土中，尽管没有合适的土壤，它们也会产卵，但在土壤表面或树上产下的卵不能孵化。每头雌成虫平均可产卵 2～3 次，一般间隔 6～11d。产下的卵被一种分泌物结合在一起，形成一个卵囊，长 3～4cm。蝗卵最高密度可达 5 000～6 000 块 /m²。

从产卵到孵化的这段时间称为孵化期。蝗卵孵化前需从土壤中吸收水分，如果当时有足够的水（研究表明

20mm 的水即可），它们在最初 5d 里吸收的水分相当于它们自身的重量，这足以让它们成功地发育。如果它们得不到足够的水分，就不会孵化。卵的生长速度随土壤温度的变化而变化，一般在 2 周后开始孵化，最长孵化时间约为 2 个月。孵化一般发生在日出前或日出后 3h 内进行，所有来自一个卵囊的蝗蝻通常在同一天早上孵化。

蝗蝻分为 5 个龄期，发育速度受生态环境影响，最快在 25d 后羽化，其活动仅限于步行和短时间的下降飞行。随着龄期的增大，沙漠蝗蝗蝻外壳逐渐变硬，具备飞翔的能力。这种情况下的蝗虫被称为不成熟的成虫（fledgling）。沙漠蝗蝗蝻也具有型变，在较低的种群密度下发现的散居型蝗蝻通常颜色均匀，倾向于彼此回避；而群居型蝗蝻，在高种群密度下，其身体颜色呈黄色或橙色，带有黑色图案，个体之间表现出强烈的互相吸引的倾向。

成虫至少需要 3 周才能性成熟，最长需要 9 个月才能性成熟，并开始交配产卵，这主要取决于气候和生态条件。成虫存活时间为 2.5 ～ 5 个月，主要取决于天气和环境条件，且性成熟越早，寿命就越短。一般而言，不同区域沙漠蝗每年可发生 1 ～ 4 代。例如，1967 年在沙特阿拉伯一年内发生了 3 代沙漠蝗（图 14 ）。

引自联合国粮农组织 FAO

图 14　沙漠蝗交配、聚集

四、影响沙漠蝗发生的环境因子

1. 温度

沙漠蝗卵孵化温度范围为 21 ～ 45℃，在 42 ～ 43℃ 发育最快，9d 即可孵化，在 21℃ 时孵化则需 23d，在 15.5℃ 以下和 45℃ 以上时，蝗卵不发育。24℃ 条件下，蝗蝻期 62 ～ 64d；41℃ 条件下，蝻期仅 21d，且当温度在 20℃ 及以下时蝗蝻活动减弱。沙漠蝗蝗蝻和成虫活动的最适温度约 40℃。高于 40℃ 时，其活动开始减弱。此外，温度还决定了沙漠蝗的迁飞习性，通常将 20℃ 作为蝗虫飞行的阈值温度。群居型沙漠蝗迁飞的环境温度范围为 22~24℃，散居型沙漠蝗持续飞行的环境温度范围为 19.5~33℃。

2. 光照

沙漠蝗产卵行为与光照无关，但光周期是决定卵孵化的重要因子，其相应地控制了卵的孵化时间。群居型沙漠蝗日夜均能迁飞，而散居型沙漠蝗通常只能在晚上发生短距离迁移。另一个有趣的发现是，适当延长光照时间可使沙漠蝗体内乙酰胆碱酯酶的活性上升，且在光照期间，温度高达 30℃ 时，可导致沙漠蝗所有神经节的酶活性显著升高；反之则下降。

3. 降水和风

沙漠蝗在半干旱环境中发育快，喜在湿润的新沙土中产卵，降水有利于其生存和繁殖，大发生多出现在年降水量超过 200mm 的地区，如 2003 年 7 月至 2004 年 4 月，萨赫勒地区和非洲西北部地区的降水量超过平均水平，为沙漠蝗聚集创造了理想的条件，形成了蝗灾。蝗蝻和两型成虫正常发育和迅速成熟的相对湿度为 60% ～ 75%，当缺乏足够的湿度时蝗蝻寿命可延长几个月。湿度还可控制沙漠蝗体壁颜色的多型现象，在潮湿的条件下沙漠蝗体壁颜色以绿色为主，而在干燥条件下沙漠蝗体壁颜色则以棕色居多。

除季节性迁飞外，风是决定迁飞型蝗虫扩散为害的主要因素。沙漠蝗可聚集在一起顺风迁移，随风向四处分散。受季风和副热带高压影响，沙漠蝗可发生远距离迁移，即使飞行在蝗群边缘的沙漠蝗也会向蝗群中央聚

集，其飞行速度与同一高度的风相同。有文献记载其迁飞能力超过飞蝗，他们能借助低空风场单日飞行最高可超过 200 千米，并且可以越过大西洋。如 1988 年沙漠蝗从西非随风大约 10 天迁飞到 5 000 千米外的加勒比海。

4. 寄主植物对其发育的影响

沙漠蝗食性杂，可为害近 300 种植物，但植物本身的一些物质也可以影响沙漠蝗对食物的选择、正常存活、生长发育及增殖等。如植物韧性对蝗虫幼龄期的取食有影响，但对成虫的生活习性影响不大；群居蝗虫会利用各种植物作为庇护所保护自身（图 15）。

植物次生代谢物也会影响沙漠蝗取食，如沙漠蝗对黄酮含量高的植物具有偏好性。但会拒食一些苦味的植物，如常春藤 *Hedera nepalensis* var. *sinensis* (Tobl.) Rehd 等。而沙漠蝗响应这些化合物主要依靠蝗蝻和成虫触角上 51 个腔锥形感器、43 个锥形感器和 24 个毛形感器的单感器上的气味结合蛋白发挥作用，主要感受嗅觉或味觉上的刺激，这些感受器可能同时还具有温、湿度感受的功能，刺形感器具有明显的接触化学感器的结构特征。当然，寄主植物也会产生一些防御性化合物

以抵御食草动物的威胁。另外，植物还会产生一些化合物以抑制沙漠蝗的繁殖力和卵孵化率等以调节其生长发育，如麻疯树油和印楝油等。

玉米

棉花

寄主：刺田菁，背景植物为棉花

图 15 沙漠蝗为害植物

5. 天敌

天敌防治具有环境友好、生态安全和对靶标不易产生抗性等优点，确保蝗虫的可持续控制。沙漠蝗的自然天敌包括捕食性天敌和寄生性天敌。捕食性天敌有：短鞘步甲、赤胸步甲、寄生蝇、拟麻蝇、食虫虻、胡蜂、蚂蚁、螳螂、蜘蛛、蜥蜴、燕雀类、乌鸦、蛇、蛙、蟾蜍、通缘步甲、苹斑芫菁、蒙古斑芫菁、丽斑沙蜥等；寄生性天敌有：伞裙追寄蝇、卷蜂虻、中国雏蜂虻、麻蝇、黑卵蜂等。不同天敌取食沙漠蝗的虫态的喜好性不同。除此之外，一些动物也可作为沙漠蝗的天敌，如鸡、鸭、猫、孔雀等（图16）。

（1）短鞘步甲 *Pheropsophus jessoensis* Morawitz, 1862

个体大，体长12～20.5mm；体宽5～8mm。头及前胸背板黄色，触角、颚须、唇须色较深，有时是黄褐色，头部中央常有一黑斑。前胸背板前缘、后缘及中央黑色，黑色部分常连成"I"字形；鞘翅及小盾片黑色，稍翅肩胛及中部有明显的黄色斑，中部的黄斑较大，其外侧达到翅缘，内侧接近但不及翅缝，翅缘黄色，缘折、足及虫体腹面一般为黄色或黄褐色；腹部为黑色。头近于方形，眼后不窄缩；头顶前部两侧有细纵

皱纹，头后部有刻点及网状皱纹；触角短粗，1～4节被稀疏毛，明亮，5～11节密被绒毛，幽暗。前胸背板接近长方形，侧缘在前半部略膨大，呈弧形，渐向基部窄；表面刻点极少，不明显，沿前缘、后缘常有短纵皱纹及零星刻点。鞘翅接近于长方形，最宽处在鞘翅的后半部，鞘翅末端平截，不盖及腹端都；肩胛方形，每鞘翅有7条纵脊，脊间匀布纵向的细刻纹。前足胫节内侧近端凹缺较大，雄虫前跗节基部3节膨大。腹面可见7个腹节，腹板两侧有极密的带毛刻刻点，第7腹节中部有一纵沟。

喜食虫态：卵。

（2）赤胸步甲 *Dolichus halensis* Schaller，1783，曾用名 *Calathus (Dolichus) halensis* Schaller，1783

体长17.5～20.5mm；体宽5～7.5mm。复眼间有红褐色横斑；触角、颚须、唇须、前胸背板、小盾片及足黄色或褐色；前胸背板有时黑色，仅边缘黄或红褐色。鞘翅黑色，两鞘翅中央常有一红褐色斑，近似长三角形，自鞘翅基缘伸至翅后部。腹面黄色至黄褐色。头及前胸背板光亮，鞘翅暗，无光泽。头部复眼微微突出，背面无明显颗点，前部两侧有明显凹洼；上颚端部尖锐，颚须及唇须细长，末节端部平截。触角1～3

节且光亮无毛，4～11节背绒毛。前胸背板近于方形，长宽接近；表面微背拱，基部两侧各有一凹洼；前角向前下方伸，后角近于圆形；前横沟及背中线明显，背板中央无刻点，侧缘、基缘及基部两侧的凹洼中具有较密的刻点及皱纹。鞘翅狭长，末端窄缩，背面较平坦，每鞘翅除小盾片刻点行外，有9行刻点沟，行距平坦。雄虫个体较雌者为小，前跗节基部3节略膨大，腹面有毛垫。

喜食虫态：卵。

（3）螳螂 *Mantis religiosa*

体型大，成虫暗褐色或绿色。雌虫体长74～120mm，雄虫体长68～87mm，前胸背极长21～23mm。头三角形，复眼大而突出。前胸背板前端略宽，于后端，前端两侧具有明显的齿列，后端齿列不明显；前半部中纵沟两侧排列有许多小颗粒，后半部中隆起线两侧的小颗粒不明显。雌虫腹部较宽。前翅前缘区较宽，草绿色，革质。后翅略超过前翅的末端，黑褐色，前缘区为紫红色，全翅布有透明斑纹。足细长，前足基节长度超过前胸背板后半部的2/3，基节下部外缘有16根以上的短齿列，前足腿节下部外线有刺4根，等长；下部内线有刺15～17根，中央有刺4根，其中以第 2 根刺最长。卵鞘楔形，沙土色到暗沙土色。长 14 ～ 30mm，宽 13 ～ 18mm，高 13.5 ～ 19.0mm。由许多卵室组成。卵粒金黄色，长椭圆形，一端稍宽。若虫与成虫相似，无翅，5 ～ 6 龄开始长出翅芽。1 龄若虫体长 8 ～ 12mm，2 龄 13 ～ 15mm，3 龄 16 ～ 20mm，4 龄 21 ～ 26mm，5 龄 31 ～ 36mm，6 龄 41 ～ 56mm，7 龄 54 ～ 61mm。

喜食虫态：成虫、蝗蝻。

（4）卷蜂虻 *Systoechus somali*

体中型，粗壮，多绒毛，外形似蜂。体长 10 ～ 12mm。头半球形，复眼大，吻明显延长，向前伸。胸部隆起，翅发达，R2+3 与 R4 弯曲达顶角前。臀室不封闭，腋瓣明显，腹部 8 节。

Greathead（1958）报道了在非洲东部 *Systoechus somali* 取食沙漠飞蝗 *Schistocerca gregaria* 卵块的习性。蜂虻 *S. Somali* 成虫在距沙地面 1 ～ 3cm 处悬飞时将卵轻弹到蝗虫卵块上方，每块蝗卵上产卵数量 10 ～ 40 粒不等。蝗虫卵被取食率从 10% ～ 100% 不等。

喜食虫态：卵。

（5）中国雏蜂虻 *Anastoechus chinensis* Paramonow

体中型，粗壮，多绒毛，外形似蜂。体长 12 ～

14mm。足细而长，前、中足基本等长，约10mm，后足长约14mm，中国雏蜂虻足前端有2个爪垫，无足垫；头半球形，复眼大，雄性为合眼式，雌性为离眼式。触角3节，短而粗，呈黑色，长约3mm，吻直长；伸前，内生口针3根；胸部隆起，翅发达，R2+3与R4弯曲达顶角前，只有3个闭室，M3与Cu大部分合并，放无M3翅室；臀室不封闭，腋瓣明显，腹部8节。

喜食虫态：卵。

（6）苹斑芫菁 *Mylabris calida*

成虫体长 11 ～ 13mm。体足全黑，被黑色毛。鞘翅淡黄到棕黄色，有墨斑。头部方形、密布刻点，中央有2个红色小圆斑。触角末端与节膨大成棒状。前胸背板两侧平行，前端1/3处向前变窄；后端中央有2个小凹洼，一前一后排列。鞘翅表面皱状，每翅有1黑色横斑纹。距翅的基部和端部各1/5 ～ 1/4，各有1对黑圆斑，有时后端2个黑圆斑汇合成1条横斑。寄主昆虫为蝗虫，苹斑芫菁幼虫可捕食蝗卵，如果成虫数量很多为害棉花等植物。

喜食虫态：卵

短鞘步甲

赤胸步甲

螳螂

绿芫菁

苹斑芫菁

豆芫菁

中华步甲

毛婪步甲

直角通缘步甲

卷蜂虻
（引自：姚刚，浙江·金华
职业技术学院）

中国雏蜂虻

寄蝇
（引自：姚刚，浙江·金华
职业技术学院）

猫

孔雀

图 16　沙漠蝗天敌

6. 农药

　　化学农药具有杀虫谱广、快速高效、使用方法简便，不受地域限制和季节限制，便于大面积机械化防治等优点。但长期使用化学农药防虫也易引起人、畜中毒，环境污染，杀伤天敌，并且长期使用同一种农药，可使某些害虫产生不同程度抗药性等缺点。防治沙漠蝗的化学防治药剂种类多样，有菊酯类、有机磷类、大环内脂类、新烟碱类农药等，一些新型杀虫剂也可以选择进行试验，如虫螨腈、多杀菌素、茚虫威等。

但沙漠蝗已对多种化学农药或植物毒素产生了不同程度的抗药和耐药特性。如成年群居型沙漠蝗可以植物毒素为食，其可能具有更强的外源性 P- 糖蛋白挤出途径，代谢毒素。与群居的蝗虫不同，散居的沙漠蝗虫主动避开含有阿托品的植物并识别与之相关的气味。沙漠蝗马氏管中 P- 糖蛋白在转运植物次生物质和杀虫剂的过程中发挥重要作用，P- 糖蛋白有助于从血淋巴中清除异种物质，可促进各种异源生物的外排，减少细胞内药物的积累，从而使群居的沙漠蝗虫能够通过摄入有毒植物来维持毒性，而不会遭受自身的有害影响。沙漠蝗虫肠道中的硫代葡萄糖苷硫酸酯酶（GSS）能够清除膳食过程中对昆虫有毒的芥子油苷，避免这些植物化合物的毒性作用。沙漠蝗虫中的磷酸酯酶能够将低剂量的 DDT 转化为 DDE，表明蝗虫体内的的磷酸酯酶直接或间接与 DDT 的排毒有关。沙漠蝗虫谷胱甘肽 -S- 转移酶是最重要的排毒酶之一，成年蝗虫雌性摄食含有植物化感化学物质亚麻苦素 linamarin

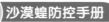

的沙漠植物如 *Lotus corniculatus* 后，中肠组织谷胱甘肽 -S- 转移酶的活性升高，推测谷胱甘肽 -S- 转移酶与有毒化合物解毒有关。

五、沙漠蝗的迁移为害规律

近年来，全球气候变化加剧，沙漠蝗适生区域扩大，一些区域世代数由 3 代增加到 4 代。自然资源的无序利用，生态环境的严重破坏，使得沙漠蝗的孳生地进一步扩大，包括红海两岸、阿拉伯半岛、萨赫勒地区、尼罗河流域、底格里斯河和幼发拉底河流域、印度河流域，并且可扩散至地中海北岸、伊朗高原、印度次大陆，涉及 65 个国家和地区（图 17）。

近 30 年 23 次沙漠蝗蝗灾全部与大气环流特征相吻合，导致沙漠蝗迁飞扩散至亚非欧三大洲。

1. 萨赫勒循环

萨赫勒地区位于东北信风带，是横贯北非大陆的狭长地带，西风带向东的气流携带沙漠蝗东迁，信风带向西的气流携带沙漠蝗由东向西回迁，在萨赫勒地区闭环循环。由 3 个小的循环构成。

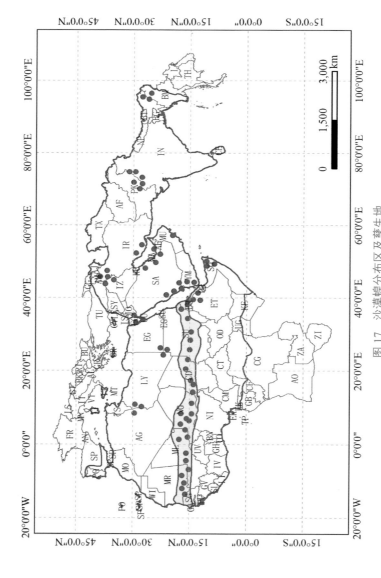

图 17 沙漠蝗分布区及孳生地

红线为发生区；灰色为萨赫勒地区；椭圆为在我国的分布区和潜在分布区；红点为孳生地

（1）北非大陆

5月，受西非季风控制，萨赫勒西段越冬代成虫向北进入摩洛哥、阿尔及利亚、突尼斯南部、利比亚西部，繁殖第一代；7—8月继续向东进入利比亚、乍得，繁殖第二代；10—11月第二代成虫到达埃及尼罗河流域。部分沙漠蝗种群受红海南向气流影响回迁至萨赫勒地区。

（2）阿拉伯半岛

10—11月，部分沙漠蝗继续向东迁飞进入以色列、叙利亚、伊拉克两河流域；12月，产卵；翌年1—2月孵化出土；3—6月见越冬代成虫。与红海北段的越冬代成虫汇合经伊朗高原向印度河流域迁飞，风速不足时，受伊朗高原阻挡部分沙漠蝗种群回迁至萨赫勒地区。

（3）印度河流域

10—11月，印度河流域沙漠蝗借东亚季风进入东北信风区，回迁到萨赫勒地区。

2. 信风—季风循环

2—3月，东北信风带南移，红海南段、非洲之角沙漠蝗随东北信风南迁，经过埃塞俄比亚到达肯尼亚，至3°N转向乌干达，进入南苏丹。5—6月，受印度洋吹向非洲之角季风控制回迁，红海海面北风对峙，与盛行西风交汇，转头向东横跨阿拉伯海至印度半岛，继续向东到达孟加拉国和缅甸（图18，图19）。

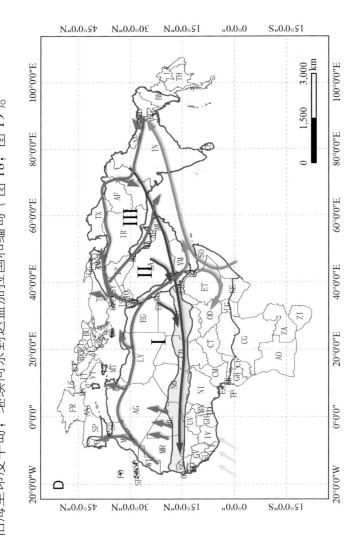

图18　沙漠蝗过飞循环线路

Ⅰ、Ⅱ、Ⅲ为赫勒循环，绿色箭头为赫勒循环，绿色箭头急流主导风为信风。

赫勒地区，6—7月，10—11月借东北信风（蓝框10°N～20°N）回迁；10—11月印度河流域沙漠蝗借东北信风进入东北信风区（10°N～20°N），继续回迁到萨勒地区。绿色箭头：2—3月，西非季风，非洲之角蝗虫盛行（黄色），萨赫勒至3°N肯尼亚，转向乌干达，进入南苏丹5月，西非季风盛行5月，南迁（绿框2.5°N～12°N）南迁，进入摩洛哥，阿尔及利亚、突尼斯南部，利比亚西部，6—8月现第二代成虫，完成一代，继续东迁利比亚南部与乍得交界处繁殖；10—11月现第三代成虫经过埃及尼罗河流域，继续进入以色列、叙利亚、伊拉克两河流域。

Ⅰ、Ⅱ、Ⅲ为赫勒循环带，西风急流区，西风急流主导沙漠蝗堂常年东迁路线，5—6月飞迁到印度河流域。蓝色箭头：回迁到萨勒地区。

地图来源：Global Aviation Data Management (GADM) 数据库

图 19　成群的沙漠蝗（引自联合国粮农组织 FAO）

六、沙漠蝗的测报技术

蝗虫多发生在比较偏远的地区，其发生区和种群动态监测技术相对落后，是困扰各国开展精准防治的难题，也是导致防治工作处于被动的重要因素。及早发现和掌握沙漠蝗种群动态变化对预防和控制蝗灾暴发具有重要意义，多个国家在沙漠蝗的监测预警上做了许多工作。沙漠蝗监测工作最早始于 1912 年，Uvarov 在摩洛哥采用捕虫网开展野外调查。早期欧洲航天局（ESA）曾资助"沙漠蝗虫早期调查土壤湿度"（SMELLS）的项目，以确定适合沙漠蝗产卵的地区。到 20 世纪 90 年代中期，联合国粮农组织等多个防蝗组织利用遥感图像、气候变化和气象数据，提出了早期预警和快速反应的预防策略。同时，结合蝗虫种群现状（实地调查）、生态条件（植被和土壤水分）和历史资料（过去的类似情况）等数据进行综合研判，借助蝗虫信息服务系统（DLIS）、物种分布模型（SDMS）和数字工具，评估、预警蝗虫暴发的潜在可能性。在上述技术基础上，

Gómez 等基于人工智能算法和卫星遥感数据，开发了一种用于识别沙漠蝗的预警系统，能快速、有效提高沙漠蝗早期预警效率，减少地理偏差。该系统能结合物种分布模型（SDMS）、归一化植被指数（NDVI）、叶面积指数（LAI）等模型，密切监测气象、生态条件及蝗群，评估、预警蝗虫暴发的潜在可能性并根据地球观测系统和实地监测提供必要的信息，并纳入大数据中，大大提高了监测效率和准确率。

七、沙漠蝗的综合防治技术

沙漠蝗防治工作最早始于 1860 年，主要采用挖掘沟渠、诱捕后将其焚烧的方法以减少种群数量。1921年，Uvarov 提出沙漠蝗"预防控制"策略，主要是在群居型沙漠蝗活跃早期开始使用。但这种策略在很大程度上依赖于有机氯农药的使用，由于其对环境的破坏性，这种防治策略在 20 世纪 80 年代后期限制使用，仅在灾情大面积暴发时使用。随后，Haskell 于 1993 年提出了"标准控制系统"的理念。Lecoq 等在此基础上制定了沙漠蝗虫综合防治战略，即预防、应急防治和保守控制，其主要内容包括开展沙漠蝗种群动态研究（地理分布、密度和发育进度等），利用气象、卫星数据，开发专门监测沙漠蝗动态的地理信息系统（GIS），在此基础上制订一级和二级紧急防治计划，根据不同受灾程度开展对应的防治措施。这加强了飞机和地面机械防治力度，并采取了化学制剂和生物制剂相结合的防治措施，使蝗灾损失有所减轻。

1. 化学防治

化学防治一直以来是防治沙漠蝗的主要手段，也是防治蝗虫的必要手段，具有杀虫效果好、速度快、操作简单等优点。1945 年，英国海外害虫研究中心开始采用化学杀虫剂如狄氏剂防治沙漠蝗，化学防治在当时发挥了重要作用。随后研发的杀铃脲等有机氯农药也在 20 世纪 60 年代用于防治沙漠蝗。70 年代初，非洲多个国家发现有机氯农药包括狄氏剂具有广谱性，不仅造成非靶标生物死亡，还严重污染环境。为遵循"高效、低毒、低残留"的选药原则，根据蝗虫发生情况选用合适的化学药剂进行防治，人们开始选用有机磷农药（如杀螟松和马拉硫磷）、氨基甲酸酯（如苯二甲酸乙酯）和拟除虫菊酯（如溴氰菊酯）等触杀型、持效期短的杀虫剂来替代狄氏剂等有机氯农药。但因有机磷农药（如马拉硫磷）、氨基吡唑类杀虫剂（如恶虫威）等对环境毒性大，加之使用量大幅增加造成严重的"3R"问题，因此，在 90 年代开始使用昆虫生长调节剂，如二氟苯脲通过抑制沙漠蝗中甲壳素（其外骨骼中的硬物质）的合成而起作用，使蝗蝻不能成功蜕皮，从而抑制蝗虫生长。产品包括敌灭灵 Dimilin 可湿性粉剂、氟虫腈、杀铃脲和新型苯基吡唑等。

　　沙漠蝗化学防治选用的杀虫剂品种应尽可能符合高效低风险要求。目前，蝗虫化学防治药剂种类多样，有菊酯类、有机磷类、大环内脂类、新烟碱类农药等，主要的农药品种包括：高效氯氟氰菊酯、高效氯氰菊酯、氯氰菊酯、溴氰菊酯、氟氯氰菊酯、马拉硫磷、二嗪磷、敌敌畏（烟剂）、阿维菌素、甲氨基阿维菌素苯甲酸盐、吡虫啉、啶虫脒、氯噻啉等。一些新型杀虫剂也可以选择进行试验，如虫螨腈、多杀菌素、茚虫威等。在实际防治工作中，可根据沙漠蝗的防治需要，选择杀虫剂品种单独使用，或根据杀虫剂混用的一般性原则，进行合理的混用，以快速降低沙漠蝗的虫口密度（图 20 ）。

　　此外，针对沙漠蝗的迁飞发源地蝗蝻的防治，可以采用昆虫生长调节剂类杀虫剂，如除虫脲、杀铃脲、氟铃脲、氟虫脲等。使用这类杀虫剂必须注意用药时期，因其主要通过干扰昆虫的生长发育而起作用，应尽可能在低龄蝗蝻期使用才能取得比较理想的防治效果。我国在 20 世纪 90 年代开始使用这类昆虫生长调节剂防治蝗蝻取得了比较好的防治效果。

a. 背负式喷药

b. 被化学农药毒死的沙漠蝗

图 20　沙漠蝗化学防治

　　依托先进的遥感监测及预报等技术，针对沙漠蝗的迁飞和虫情发生状况，掌握防治指标和防治适期，在蝗虫迁飞严重为害区开展化学应急防治。迁飞蝗虫达到防治指标（0.5 头 /m²）的 2 倍以上为严重为害区，在迁入蝗群所在地四周 50 ～ 150 千米的成虫预计飞行范围内，依托应急防治队伍或植保专业化服务组织，实施快速、准确的药剂防治行为。

现阶段使用背负式小型机械、地面大型器械和飞机等施药机械进行药剂喷施。对于大面积应急防治，推荐采用飞机、大型施药器械等实施地毯式、围剿性喷雾防治。有条件的地方，根据实际情况，采用农用飞机或无人机进行飞防。环境复杂区域，可采用烟雾机防治，尽量选择清晨或傍晚进行。开展化学防治时，应考虑条带间隔施药，留出合理的生物天敌避难区域。

2. 物理防治

物理防治一般具有简便有效、成本低等特点，传统的防治沙漠蝗的方法是挖掘沟渠，采用诱捕的方法将其杀死或焚烧，但是这种方法只能有效地防治低密度的虫害，或利用噪音的方法驱赶沙漠蝗，以减轻对农作物的为害。此外，可根据其特征采用相应的方法对其进行防治，如光电诱导蝗虫捕集技术利用蝗虫的趋光特性，设置红外光源作为蝗虫对生物辐射能量需求的供应热源，从而提高蝗虫的活性及群聚特性，达到诱集灭蝗的目的。激光照射蝗虫可诱发基因突变及部分遗传性状的改变，在蝗虫起飞后用高功率激光扫射，强大的激光能量迅速烧坏蝗虫的翅膜，导致蝗虫不能迁飞甚至死亡，从而减轻灾害蝗虫对农作物及生态环境的破坏（图 21）。

a. 拦网捕捉

b. 噪声控制

图 21　沙漠蝗物理防治

3. 信息素防治

动植物均能产生化学信息物质，能引起同种或异种个体的接收者发生一类特殊反应。目前已知的沙漠蝗信息素包括群集信息素、促成熟信息素、性信息素以及产卵聚集信息素、求偶抑制剂等。类似挥发性嗅觉信息物等信息素对沙漠蝗生物学特征也具有调节作用。这些信息素涉及很多类型，包括苯乙腈、苯甲醛、苯乙酮、藜芦醚、苯甲醚、愈创木酚和苯酚等挥发物，它们多数由老熟雄成虫释放。有短期内直接诱导某种具体行为发生的短暂信息素；也有长期缓慢影响生理、发育或行为的主要信息素。

促成熟信息素对加速沙漠蝗雄虫的性成熟效果表现为：苯乙腈＞苯甲醛、藜芦醚、乙烯基藜芦醚＞苯甲醚；性信息素可通过接触和空气传播刺激未成熟蝗虫的发育，尤其是对未成熟的雌成虫刺激较大。沙漠蝗雌成虫 Comstock-Kellog 氏腺体在卵子发生时产生的戊酸可能是一种刺激雄虫发生预交配行为的信息素；沙漠蝗求偶抑制剂如苯乙腈在保护已受精的雌成虫上发挥作用，以避免精子竞争，直到该雌虫产卵。

4. 生物防治

随着科学技术不断发展，人们对生态环境保护日益重视，减少化学农药使用，保护生态环境的意识逐步提高。生物源农药是生物防治的重要组成部分，对沙漠蝗具有拒食、驱避、调节生长和绝育等多种作用，如印棟素可抑制沙漠蝗睾丸的生长，影响其繁殖发育，麻疯树油和印棟油可抑制沙漠蝗的繁殖力和卵孵化率等以调节其生长发育；绿僵菌侵染沙漠蝗后，其食量降低；蛋白酶抑制剂通过可扰乱昆虫代谢而影响其发育导致其死亡，沙漠蝗的蛋白酶抑制剂应用较广的是胰凝乳蛋白酶抑制剂（SGCI、SGTI）、丝氨酸蛋白酶抑制剂。利用天敌控制也是防治蝗灾的一项有效的生态措施，沙漠蝗有许多天敌，其中包括捕食性天敌和寄生性天敌，如寄生蜂、鸟类、蛙类等。

20 世纪 90 年代中期至今，绿僵菌和白僵菌、印棟油、微孢子虫等生物源农药开始用于沙漠蝗的防治。同时，一些生态治理手段也逐渐用于沙漠蝗防治中，如改变作物种植结构、利用天敌等。

对于昆虫病原真菌，早在 1879 年绿僵菌就成功地用于田间防治金龟子。目前已筛选到对蝗虫毒性强、田间适用良好的菌株有金龟子绿僵菌 *Metarhizium anisopliae*、蝗绿僵菌 *M. acridum* 和球孢白僵菌 *Beauveria bassiana*。昆虫病原真菌分生孢子在蝗虫体壁上附着，通过分泌蛋白酶、几丁质酶和酯酶等降解昆虫体壁，侵入昆虫体内，在血体腔和组织中增殖，影响昆虫体内物质代谢，降低血淋巴中过氧化物酶活性，并可产生毒素，抑制蝗虫免疫反应，使蝗虫发生病变或死亡。病原还可在害虫种群中传播，发挥持续控害作用，且具有与环境兼容、对人畜无害、不易产生抗药性等优点。防蝗绿僵菌已在非洲大面积试验，用于防治沙漠蝗虫，显示有良好应用前景。绿僵菌的剂型有饵剂、粉剂、可湿性粉剂、油悬浮剂等，可适用于不同环境的施药器械。

蝗虫微孢子 *Nosema locustae* 是一种可导致直翅目昆虫感染死亡的专性寄生物，可在寄主细胞内大量增殖，消耗营养物质，导致虫体总脂含量和血淋巴甘油脂含量大幅度下降，血淋巴脂肪酶活力大幅度上升，使蝗虫出现畸形、发育延缓、寿命缩短和丧失生殖能力。更重要的是其对蝗虫的亚致死作用，如抑制蝗虫的生长发育、产卵和群集行为。蝗虫微孢子不污染环境、不杀伤天敌、对人畜安全，不产生对其他生物的二次毒害，有利于保护生物多样性。目前，蝗虫微孢子已经在世界上主要蝗区推广应用，显示出良好的控蝗效果，当年的防治效果可达 50%～90%，即使是存活的蝗虫也有20%～50% 被微孢子病原感染，可以持续控制蝗虫种群，具有广阔的应用前景。

防蝗的病原细菌主要有苏云金芽孢杆菌（*Bacillus thuringiensis*）和类产碱假单胞菌（*Pseudomonas pseudoalcaligenes*）。苏云金芽孢杆菌的主要活性成分是一种或数种杀虫晶体蛋白（ICPs）或内毒素。苏云金杆菌被敏感昆虫幼虫吞食后，在肠道碱性环境和蛋白酶作用下，释放出的毒性肽与昆虫中肠上皮细胞的特异受体结合，形成离子通道，破坏细胞渗透平衡，使细胞肿胀破裂，最终导致昆虫死亡。实验室毒力试验表明，苏云金芽孢杆菌亚种 B.t.7 感染 3 龄蝗虫 7 d，致死率达 82%。蝗虫出现食欲减退，死虫呈黑褐色。

类产碱假单胞菌对蝗虫起毒杀作用的物质是一种胞外蛋白，它以完整的蛋白质分子形式发挥毒杀作用。该毒蛋白进入蝗虫体后，对前胃、中肠、后肠、马氏管、脂肪体等组织产生毒害，使这些组织在 24 ~ 48 h 发生明显的病变。

植物源农药是指利用植物所含的某种有效成分制成的农药产品。目前主要用植物次生代谢产物进行防蝗。最早的防蝗报道是利用植物次生代谢产物印楝素（azadirachtin），可直接或间接通过破坏蝗虫口器的化学感应器官致使其产生拒食作用，通过对中肠消化酶的作用使得食物的营养转换不足，影响蝗虫的生命力。苦参碱（matrine）是一类广谱植物源杀虫剂，具有胃毒和触杀作用。苦参碱高效、低毒、无污染、无残留、可促进作物生长，符合农牧业绿色可持续发展方向，在防治蝗虫时可选择使用。施药适期为蝗虫 3 龄始盛期。烟碱·苦参碱、介烟碱，这类植物源农药可通过溶液或蒸气的形式渗入到害虫体内的各个部位，迅速麻痹神经，使其中毒死亡（图 22）。

自相残杀

天敌防控（黄蜂）

被绿僵菌侵染的蝗虫

无人机防治蝗灾

图 22　沙漠蝗生物防治

5. 综合防控

蝗虫是重要的农牧业害虫之一，持续为害造成巨大经济损失。金龟子绿僵菌 *Metarhizium anisopliae* 是一类重要的病原真菌，可寄生蝗虫及其他昆虫，对寄主侵染过程包括粘附、孢子萌发、穿透虫体、体内发育和毒力致死等阶段，通常 24～36h，绿僵菌才能穿透昆虫体壁，侵入寄主体内，一周甚至更长的时间之后才能使昆虫致死。由于绿僵菌对昆虫的毒力作用过程缓慢，实际应用中又受环境因素、喷药机械、制剂质量的影响，达不到预期的防治效果。

目前常用的防治蝗虫的化学杀虫剂以马拉硫磷、高效氯氰菊酯为主，其中马拉硫磷作用于昆虫乙酰胆碱酯酶、高效氯氰菊酯作用于昆虫细胞钠离子通道，单独使用均易造成环境污染、杀伤天敌等。为提高绿僵菌对蝗虫的防效，研究表明绿僵菌与马拉硫磷或高效氯氰菊酯混用存在增效作用，可大大缩短绿僵菌作用时间，开发了绿僵菌与低毒化学农药马拉硫磷或高效氯氰菊酯联合施用的方式，即喷洒含有 0.02mg/L 马拉硫磷或 0.2mg/L 高效氯氰菊酯的绿僵菌粉剂 20g，7d 后防效达 90% 以上。该方法可快速、有效降低害虫虫口密度，但这种方法破坏环境，易使沙漠蝗快速产生抗性，且对天敌危害较大。

因此，采用合理的综合防治措施，是控制沙漠蝗合理、有效的方法。多年的防治经验表明，生物防治、生态防治与化学防治相结合这种方式，营造了一个不利于沙漠蝗生长、繁殖的生态环境。且在使用化学农药应急防控时，负责发放药物的专业人员需现场讲解农药使用注意事项和禁牧措施，然后在本地治蝗办业务技术人员的技术指导下，由专业测报人员进行防治，将蝗虫消灭在孳生区域内，减少迁飞扩散数量。

一般来讲，在害虫低密度发生区可以采用生态治理、天敌控制等措施对害虫进行控制；在害虫中密度发生区可以采用生物农药（杀虫真菌、植物源农药）、天敌控制等措施对害虫进行控制；在害虫高密度发生区可以采用高效、低毒和低残留的化学农药、生物农药（杀虫真菌、植物源农药）和低浓度化学农药混用的措施对害虫进行控制。通过生态控制、生物防治、联防统治等措施的开展，防治效果可达到 85% 及以上，化学农药使用减少 10% 左右。这为多个国家农产品的增产增收、实现沙漠蝗的有效控制、生态系统的稳定平衡、农牧业的可持续发展奠定了坚实的基础。

参考文献

陈永林，2002. 警惕沙漠蝗的猖獗发生 [J]. 昆虫知识, 39(5): 335-339.

联合国粮食及农业组织. (2020-03-17) Desert Locust situation update [EB/OL]. [2020-04-02] http://www.fao.org/ag/locusts/en/info/info/index.html.

联合国粮食及农业组织. [DB/OL] (2020-02-11) [2020-04-02] http://www.fao.org/ag/locusts/en/info/info/faq/index.html.

中国动物志 [DB/OL] . (2020-03-30) http://www.zoology.csdb.cn/page/showTreeMap.vpage?uri=cnfauna.tableTaxa&id=.

中国生物志库·动物. [DB/OL] (2020-03-30) [2020-04-02] http://species.sciencereading.cn/biology/v/speciesDetails/122/DW/3456324.html.2020.

BASHIR E M, ELSHAFIE H A F, 2014.Toxicity, antifeedant, and growth regulating potential of three plant extracts against the desert locust, Schistocerca gregaria Forskal (Orthoptera: Acrididae) [J]. American Journal of Experimental Agriculture, 4(8): 959-970.

BAUER H C, 1976.Effects of photoperiod and temperature on the cholinesterase activity in the ganglia of Schistocerca gregaria [J]. Journal of Insect Physiology, 22(5): 683-688.

BENNETT L V, 1976.The development and termination of the 1968 plague of the desert locust [J]. Bulletin of Entomological Research, 66(3): 511-552.

BRADER L, DJIBO H, FAYE F G, et al, 2006.Towards a more effective response to desert locusts and their impacts on food security, livelihoods and poverty[J]. Multilateral evaluation of the 2003–05 desert locust campaign. Food and Agriculture Organization of the United Nations, Rome, 1-85.

CECCATO P, CRESSMAN K, GIANNINI A, et al, 2007. The desert locust upsurge in West Africa (2003-2005): Information on the desert locust early warning system and the prospects for seasonal climate forecasting [J]. International Journal of Pest Management, 53(1): 7-13.

CONTE B, PIEMONTESE L, TAPSOBA A, 2020.Ancient plagues in modern times: The impact of desert locust invasions on child health [J].Toulouse school of Economics. http://publications.ut-capitole.fr/33912/1/wp_tse_1069.pdf.

CRESSMAN K, HODSON D, 2009. Surveillance, information sharing and early warning systems for transboundary plant pests diseases: the FAO experience [J]. Arab Journal of Plant Protection,27: 226-232.

DESPLAND E, SIMPSON S J, 2005. Food choices of solitarious and gregarious locusts reflect cryptic and aposematic antipredator strategies [J]. Animal Behaviour, 69(2): 471-479.

DEVI S, 2020.Locust swarms in east Africa could be "a catastrophe" [J]. The Lancet, 395(10224): 547.

DRIVER F, MILNER R J, TRUEMAN W H, 2000. A taxonomic revision of Metarhizium based on a phylogenetic analysis of ribosomal DNA sequence data [J]. Mycological Research, 104: 135–151.

ELLIOTT C C H, 2000. 2 FAO's Perspective on migratory pests [C]. Workshop on Research Priorities for Migrant Pests of Agriculture in Southern Africa, 3(37): 17.

ELLIS P E, ASHALL C, 1957.Field studies on diurnal behaviour, movement and aggregation in the desert locust (Schistocerca gregaria Forskål) [J]. Anti-Locust Bull, 25: 1-94.

ENSERINK M, 2004.Entomology: An insect's extreme makeover [J]. Science, 306(5703), 1881.

FRANÇOIS W, MOHAMED A B E, KEITH C, et al, 2015. Operational monitoring of the desert locust habitat with earth observation: an assessment [J]. ISPRS International Journal of Geo-Information, 4(4): 2379-2400.

GÓMEZ D, SALVADOR P, SANZ J, et al, 2019. Desert locust detection using Earth observation satellite data in Mauritania [J]. Journal of Arid Environments, 164: 29-37.

GUNN D L, RAINEY R C, 1979. Systems and management: Strategies, systems, value judgements and dieldrin in control of locust hoppers [J]. Philosophical Transactions of the Royal Society of London. B, Biological Sciences, 287(1022): 429-445.

HUNTER D M, 2004. Advances in the control of locusts (Orthoptera: Acrididae) in eastern Australia: from crop protection to preventive control [J]. Australian Journal of Entomology, 43(3): 293–303.

HUNTRER J P, 1962. Coloration of the desert locust (Schistocerca gregaria Forskål) reared in isolation [J]. Entomologist's Monthly Magazine, 98: 89-92.

HUQUE H, JALEEL M A, 1970. Temperature-induced quiescence in the eggs of the desert locust [J]. Journal of Economic Entomology, 63(5): 1398-1400.

HUSAIN M A, AHMAD T, 1936. Studies on Schistocerca gregaria Forsk, II: the biology of the desert locust with special reference to temperature [J]. Indian Journal of Pharmacology, 6:188-263.

JAGO N D, ANTONIOU A, SCOTT P,1979. Laboratory evidence showing the separate species status of Schistocerca gregaria, americana and cancellata (Acrididae, Crytacanthacridinae) [J]. Systematic Entomology, 4(2): 133-142.

JOHNSON D L, 1979. Nosematidae and other Protozoa as agents for control of grasshoppers and locusts: current status and prospects [J]. Memoirs of the Entomological Society of Canada, 129(S171): 375-389.

LECOQ M, DURANTON J F, RACHADI T, 1997. Towards an integrated strategy for the control of the desert locust [M]. New strategies in locust control. Birkhäuser Basel, 467-473.

LECOQ, M, 2001. Recent progress in desert and migratory locust management in Africa: are preventative actions possible? [J]. Journal of Orthoptera Research ,10: 277-291.

LOUVEAUX A, JAY M, HADI O T M E, et al,1998. Variability in flavonoid compounds of four Tribulus species: Does it play a role in their identification by desert locust Schistocerca gregaria? [J]. Journal of Chemical Ecology, 24(9): 1465-1481.

MAENO K, TANAKA S, 2009. Artificial miniaturization causes eggs laid by crowd-reared (gregarious) desert locusts to produce green (solitarious) offspring in the desert locust, Schistocerca gregaria [J]. Journal of Insect Physiology,55(9): 849-854.

MATTHEWS G A, 1992. Pesticide application methods [M]. Harlow, UK: Longmans, 405.

NEVO D, 1992. Pests and Diseases of Agricultural Crops and Their Control in Erez Israel during the Biblical and Mishna Periods [D]. Ramat Gan, Israel: Bar-Ilan University.

NEVO D, 1996. The desert locust, Schistocerca gregaria, and its control in the land of Israel and the near east in antiquity, with some reflections on its appearance in Israel in modern times [J]. Phytoparasitica, 24(1): 7-32.

NISHIDE Y, TANAKA S, SEAKIA S, 2015. Egg hatching of two locusts, Schistocerca gregaria and Locusta migratoria, in response to light and temperature cycles [J]. Journal of Insect Physiology, 76: 24-29.

PEKEL J F, CECCATO P, VANCUTSEM C, et al, 2011. Development and application of multi-temporal colorimetric transformation to monitor vegetation in the desert locust habitat [J]. IEEE Journal of Selected Topics in Applied Earth Observations and Remote Sensing, 4(2): 318-326.

RITCHIE J M, DOBSON H, 1995. Desert locust control operations and their environmental impacts [M]. UK: Hobbs the Printers Ltd,1-42.

ROBINSON T P, WINT G W, CONCHEDDA G, et al, 2014. Mapping the global distribution of livestock [J]. PLoS One, 9(5): e96084.

SCHMIDT G H, ALBUTZ R, 1994. Laboratory studies on pheromones and reproduction in the desert locust Schistocerca gregaria (Forsk.) [J]. Journal of Applied Entomology, 118(1-5): 378-391.

SHARMA A, 2015. Locust control management: moving from traditional to new technologies— an empirical analysis [J]. Entomology, Ornithology, and Herpetology: Current Research, 4(1):1.

SHOWLER A T, POTTER C S, 1991. Synopsis of the desert locust, Schistocerca gregaria (Forskal), plague 1986–1989 and the concept of strategic control. American Entomologist, 37: 106–110.

SHOWLER A, 2005. Desert locust, Schistocerca Gregaria Forskål (Orthoptera: Acrididae) plagues [M]. Dordrecht: Springer, 682-685.

SIMPSON S J, MCCAFFERY A R, HÄGELE, et al, 1999. A behavioural analysis of phase change in the desert locust [J]. Biological Reviews,74(4): 461-480.

SIR B U, 1977. Grasshopper and locusts-a handbook of general Acridology [EB/OL]. Centre for Overseas Pest Research, 1-28.

SKAF R, POPOV G B, ROFFEY J, 1990. The desert locust: an international challenge [J]. Philosophical Transactions of the Royal Society of London. B, Biological Sciences, 328(1251): 525-538.

SKAF R, 1988. A story of a disaster: why locust plagues are still possible [J]. Disasters, 12(2): 122-127.

STEEDMAN A, 1990. Locust handbook [M]. London: Natural

Resources Institute Chatham UK,204.

STOWER W J, POPV G B, GREATHEAD D J, 1958. Oviposition behaviour and egg mortality of the desert locust (*Schistocerca gregaria* Forskål) on the coast of Eritrea [J]. Anti-Locust Bull, 30:1-33.

TANAKA S, HARANO K, NISHIDE Y, 2012. Re-examination of the roles of environmental factors in the control of body color polyphenism in solitarious nymphs of the desert locust Schistocerca gregaria with special reference to substrate color and humidity [J]. Journal of Insect Physiology,58(1): 89-101.

TOYE S A, 2009. Effects of food on the development of the desert locust, Schistocerca gregaria (Forsk) [J]. Physiological Entomology, 48(1): 95-102.

UVAROV B P S. Grashoppers and locusts, 1977. Behavior, ecology, biogeography population dynamics [M]. London: Centre of Overseas Pest Reasearch，1-613.

UVAROV B. P. XLVII—A revision of the old world Cyrtacanthacrini (Orthoptera, Acrididae).

Uvarov BP. XI.—A revision of the old world Cyrtacanthacrini (Orthoptera, Acrididae).—I. Introduction and key to genera [J]. Annals & Magazine of Natural History, 1923, 11(61): 130-144.

UVAROV, B P, 1921. A revision of the genus *Locusta* L. (=*Pachytylus* Fieb.), with a new theory as to the periodicity and migrations of locusts [J]. Bulletin of Entomological Research,12: 135-163.

VAN HUIS A, 1995. Desert locust plagues [J]. Endeavour,19(3): 118-124.

WALOF Z, 1972. Proceedings of the international study conference on the current and future proble ms of acridology, London 1970 [M]. Centre for Overseas Pest Research, 343-349.

WALOFF N, POPOV G B, 1990. Sir Boris Uvarov (1889—1970): The father of Acridology [J]. Annual Review of Entomology, 35(1): 1-26.

WEIS-FOGH T, 1956. Biology and physics of locust flight. II. Flight performance of the desert locust (Schistocerca gregaria) [J]. Philosophical Transactions of the Royal Society Biological Sciences, 239(667): 459-510.

WILLIAMS L H, 2009. The Feeding habits and food preferences of Acrididae and the factor that determine them [J]. Ecological Entomology, 105(18): 423-454.

YIN Xiangchu, Shi Jianping, Yinzhan, 1996. A synonymic catalogue of grasshoppers and their allies of the world: Orthoptera: Caelifera[M]. Beijing: China Forestry Publishing House, 626-631.